BIOLOGIA E MANEJO DE ARTÊMIAS

JEAN MICHEL CORRÊA

BIOLOGIA E MANEJO DE ARTÊMIAS

2ª edição
2022

Capa e contracapa: https://artemiasalinadorn.com.br/sobre-artemia.php

---

C824b Corrêa, Jean Michel, 1983 -

Biologia e Manejo de Artêmias / Jean Michel Corrêa. – 2. ed. - Joinville: Clube de Autores, 2022.

86 p. : il.

ISBN 978-65-5392-298-3

1. Biologia. 2. Aquicultura. 3. Alimentação. 4. Manejo. I. Corrêa, Jean Michel. II. Título.

CDD: 639.4

CDU: 639.512

LISTA DE FIGURAS

SUMÁRIO

CAPÍTULO 5 - MANEJO

PREFÁCIO

O livro Biologia e Manejo de Artêmias reúne informações e contribuições relevantes de forma técnica e didática com visão da importância ecológica, posição sistemática além da distribuição geográfica, aplicabilidade em sistemas fechados e manejo para melhor produção e produtividade. Esta edição traz capítulos inéditos e de fácil compreensão sobre a biologia das artêmias ou camarão de salmoura, uso na aquicultura como elemento fundamental na nutrição de peixes e crustáceos em suas fases iniciais dos seus ciclos de vida, abordando sua importância econômica. Uma explanação sobre a alimentação humana e de organismos aquáticos esclarece, de forma previsível, a utilização da biomassa das artêmias para auxiliar na carência de proteína animal em populações de países emergentes, com baixo custo em laboratórios de aquicultura em sistemas diversos. O livro resgata o assunto no manejo desses pequenos organismos desde os cistos até o período reprodutivo e crescimento dos animais em confinamento. O autor esclarece sobre suas experiências em laboratório, utilizando diferentes dietas na alimentação destes pequenos crustáceos, confirmando a eficácia da alimentação inerte e viabilidade econômica. Outros assuntos de relevância, em forma de tópicos, são bem esclarecedores. Creio que o autor busca assinalar interesse sobre esses pequenos e curiosos animais para melhor otimizar os sistemas aquaculturais. A diversidade de informações reflete a grande quantidade de obras relevantes de autores renomados sobre o assunto. Por fim, afirmo que o autor tem vasto conhecimento na grande área de recursos pesqueiros e habilidades sobre o manejo de organismos aquáticos cultiváveis, incluindo as artêmias.

Jefferson Murici Penafort
Doutor pela Universidade Estadual de Maringá – UEM
Professor Associado da Universidade Federal Rural da Amazônia – UFRA
jefferson.penafort@ufra.edu.br

APRESENTAÇÃO

A beleza de muitas espécies aquáticas ornamentais e a qualidade de peixes e crustáceos para consumo dependem das condições em que esses animais são manejados. A alimentação adequada é um dos principais fatores que asseguram a saúde e o bom desempenho de criações. Praticamente indispensável na dieta de pescados, a artêmia ou camarão de salmoura, responde por um nicho de mercado com demanda certa, oferecendo um comércio lucrativo até mesmo para o produtor que esteja interessado em desenvolver a atividade em um espaço na própria residência.

Esse livro fornecerá ao leitor conhecimentos gerais sobre as artêmias, sua biologia, sua importância na aquicultura e as técnicas de manejo de forma a produzir artêmias como alimento vivo para larvas de crustáceos e peixes.

Jean Michel Corrêa

CAPÍTULO 1 - CONSIDERAÇÕES GERAIS

1.1 Introdução

O primeiro registro histórico da existência de *Artemia* data da primeira metade do século X no lago Urmia, Irã, através de um exemplar denominado "cão aquático" por um geógrafo iraniano chamado Estakhri (ASEM e EIMANIFAR, 2016), embora por muitos anos o primeiro registro tenha sido o relatório e desenhos feitos por Schlösser em 1755 em uma população de Lymington, Inglaterra (ASEM, 2008) (Figura 1) e sendo identificada por Lineu (1758) como *Cancer salinus*. Muitos anos depois, Leach (1819) renomeou este organismo como *Artemia salina*. Desde então, *A. salina* tem sido utilizada como único "binômio" para definir de forma generalizada todas as espécies pertencentes ao gênero *Artemia*. Apesar dos avanços produzidos na classificação taxonômica deste gênero desde a segunda metade do século XX, principalmente pelo uso de ferramentas moleculares e análises filogenéticas (ABATZOPOULOS et al., 2002; BAXEVANIS et al., 2006), ainda podem ser encontrados referências bibliográficas que continuam atribuindo de modo genérico o nome *A. salina* (ACEY et al., 2002; GUL et al., 2003; TAYLOR et al., 2005) para descrever populações amplamente estudadas dos Estados Unidos, identificadas inequivocamente como *A. franciscana.*

Figura 1. Desenho de *Artemia* feito por Schlösser em 1756

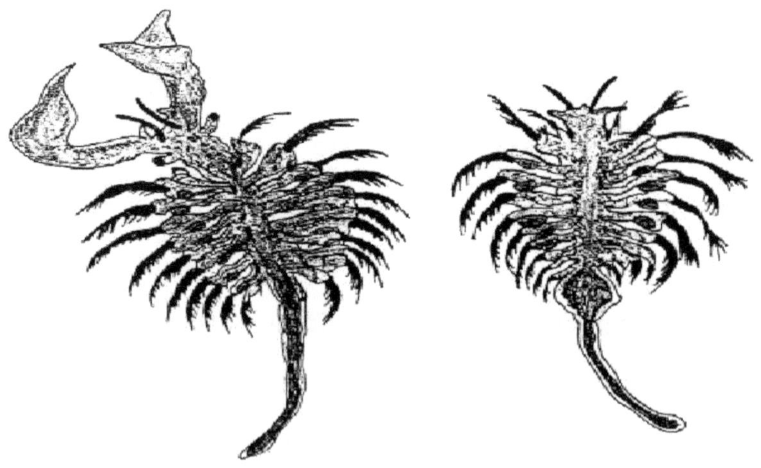

Fonte: Kuenen & Baas-Becking (1938)

A *Artemia* é um pequeno crustáceo de grande importância como alimento das formas larvais de crustáceos e peixes. Podem ser encontradas no comercio na forma de cistos, biomassa congelada e liofilizada.Com a expansão da maricultura, a demanda pelos cistos de *Artemia* tem aumentado consideravelmente (IGARASHI, 2008). Além disso, esse microcrustáceo tem sido usado como vetor para bioencapsulação de vários componentes nutricionais e profiláticos em um número crescente de organismos aquáticos. Klein (1993) cita que a *Artemia* sp. é utilizada em grande escala por países que realizam a aquicultura comercial devido as suas características nutritivas indispensáveis ao desenvolvimento de espécies marinhas, durante algumas etapas de seus ciclos de vida. Sobre esses aspectos a *Artemia* sp. tem sido motivo de discussões em congressos nacionais e internacionais, onde são expostos trabalhos que propõem formas diversificadas e práticas para o seu cultivo.

Os cistos de camarão de salmoura estão disponíveis comercialmente provenientes da América do Norte e do Sul, Europa, Austrália e Ásia (LOVELL, 1990). Porém Câmara (2020) relatou sobre os maiores fornecedores de cisto de *Artemia*: o *Great Salt Lake* (Utah, Estados Unidos) e biótopos salinos na Rússia, Cazaquistão e China são os principais fornecedores de cistos de *Artemia* para a indústria mundial de aquicultura (LITVINENKO et al., 2015); além do mais, embora relativamente menor, a produção artesanal de cistos é uma atividade lucrativa e atividade socialmente relevante em salinas costeiras no Delta do Mekong (Vietnã).

No Brasil, esse microcrustáceo foi introduzido pelo homem na década de 70. Tem-se como registro as salinas existentes na região Nordeste, em especial no Rio Grande do Norte, colonizadas a partir de inoculações de cistos feitas em Macau (RN) em 1977. Este material biológico teve como origem a baía de São Francisco (AMARAL, 1987) e sua dispersão ocorreu por vários mecanismos, tais como pássaros aquáticos, ação antrópica (pelo homem) e eólica (pelo vento). Os primeiros organismos introduzidos no Brasil foram soltos em Macau-RN e em seguida se dispersaram por toda a região salineira do Rio Grande do Norte (SILVA, 2019). Da Costa (1972) relatou sobre a ocorrência de *Artemia* registrada nas salinas de Cabo Frio, estado do Rio de Janeiro. Ao longo dos anos, a *Artemia* introduzida dispersou em mais de 40.000 ha de salinas (CÂMARA, 2020).

Atualmente a produção de cistos de *Artemia* sp. está concentrada em algumas salinas artificiais. Por um lado, representa o primeiro obstáculo a ser superado a fim de consolidar a atividade de produção de artêmias no Brasil (Nordeste), na medida em que são necessários esforços de transferência de tecnologias para um público pouco receptivo a inovações. Sendo desenvolvidas atividades de cultivo em número razoável de pequenas salinas em uma específica área, a instalação de uma central de processamento de cistos promoverá o controle da qualidade e consequente comercialização a preços competitivos (CÂMARA, 1996).

Seale (1933) descreveu sobre o alto valor do náuplios de *Artemia* como alimento para alevinos e com o desenvolvimento principalmente da carcinicultura no Brasil, houve um incremento da demanda de cisto e biomassa de *Artemia*. Com o contínuo aumento no preço, muitas fazendas marinhas ficam na dependência da provisão de cisto e de biomassa de boa qualidade, tornando a *Artemia* um produto de grande importância no desenvolvimento e expansão da maricultura. Face a presente situação, através da análise dos problemas correntes, deveria ser priorizada a prevenção da queda na produtividade de cistos de *Artemia*, caso contrário, pode se tornar um problema para o desenvolvimento da aquicultura no Brasil (IGARASHI, 2008).

1.2 Importância ecológica

Desde sua descrição, a *Artemia* tem sido utilizada como organismo modelo para estudar diversos aspectos biológicos tais como toxicologia ambiental (BARAHONA e SANCHEZ-FORTUN, 1999; COLOMBO et al., 2001), caracterização cromossômica (PAPESCHI et al., 2008), taxas de evolução genética e relações filogenéticas (PÉREZ et al., 2002), adaptação e resistência à salinidade (SÁEZ et al., 2000), especiação, hibridação e evolução da reprodução sexuada e assexuada (BAXEVANIS et al., 2006; KAPPAS et al., 2009). Desse modo, a *Artemia* tem sido denominada de maneira simbólica por alguns autores como a "*Drosophila* aquática" (GAJARDO e BEARDMORE, 2001) por suas qualidades de manejo e experimentação em laboratório e devido a seu caráter cosmopolita e taxonomia relativamente simples.

Por último, é importante destacar o papel das espécies de *Artemia* como hospedeiros intermediários para parasitas, cujo hospedeiro final são as aves aquáticas. Análises comparativas da abundância e prevalência de parasitas entre a espécie invasora (*A. franciscana*) e espécies autóctones (*A.*

salina e *A. parthenogenetica*), têm revelado aspectos que conferem vantagens competitivas à espécie invasora (GEORGIEV et al., 2007) e seu efeito potencial sobre a dinâmica dos pântanos hipersalinos.

CAPÍTULO 2 – BIOLOGIA

2.1 Introdução

A biologia é uma ciência que estuda os seres vivos e explica os fenômenos ligados à vida e à sua origem. Com a evolução das espécies, os estudos sobre a biologia também se transformaram no decorrer de décadas, com o auxílio até mesmo da tecnologia, e hoje, está presente no nosso dia a dia e possui uma influência direta em tudo que está relacionado aos seres vivos, desde os mecanismos que regulam as atividades vitais até as relações que estabelecem entre si e com o ambiente em que vivem. Neste capítulo é mostrado os aspectos biológicos da *Artemia*.

2.2 Posição sistemática

De acordo com Sorgeloos (1986), a *Artemia* sp. tem a seguinte posição sistemática:

Reino: Animalia

Filo: Arthropoda

Classe: Crustacea

Subclasse: Branchiopoda

Ordem: Anostraca

Família: Artemiidae

Gênero: *Artemia* (Leach, 1819)

Algumas linhagens partenogenéticas foram encontradas na Europa e Ásia. Existem importantes diferenças genéticas (por exemplo no número de cromossomos e no tipo de isoenzimas) que fazem muito confusa a classificação sistemática conjunta utilizando o nome de *Artemia parthenogenetica*. Por essa razão, foi sugerido no primeiro Simpósio Internacional sobre *Artemia* em Corpus Christi, ocorrido em agosto de 1979, que, a menos que as espécies "irmãs" de linhagens partenogenéticas pudessem ser identificadas (por meio de testes de cruzamento com irmãs conhecidas) e até que a especiação destes animais seja compreendida de forma mais clara, somente seja utilizada a denominação *Artemia* (SORGELOOS et al., 1986).

Embora os aspectos genéticos, filogenéticos e evolutivos do gênero tenham sido estudados desde os anos 80 (BOWEN et al., 1985; BROWNE 1988; BROWNE e MACDONALD, 1982), atualmente ainda existem debates sobre a descrição taxonômica de diferentes espécies e surgimento de novas linhagens genéticas. Estudos assistidos com novas técnicas moleculares sugerem una reavaliação taxonômica do gênero, propondo novas linhagens genéticas para sua revisão (TIZOL-CORREA et al., 2009).

2.3 Distribuição geográfica

Segundo Câmara (1996), as populações de *Artemia* são encontradas em todos os continentes exceto na Antártica, podendo habitar salinas, lagos salgados interiores e costeiros (Figura 2). No continente americano, a *Artemia* sp. ocorre em todo o litoral, em especial na costa do Peru (VINATEA, 1994). Contudo, Arana (1999) constata que 90 % dos cistos que se encontram disponíveis no mercado internacional são oriundos do *Great Salt Lake* (Utah, EUA) como resultado da atividade do extrativismo. No Brasil, a biomassa de artêmia pode ser encontrada em salinas do Estado do Rio Grande do Norte, localizadas nos estuários dos municípios de Apodi, Mossoró, Piranhas, Assu, Galinhos, Guamaré e seus entornos (CÂMARA, 2004).

Figura 2. Distribuição global das diferentes espécies de *Artemia*

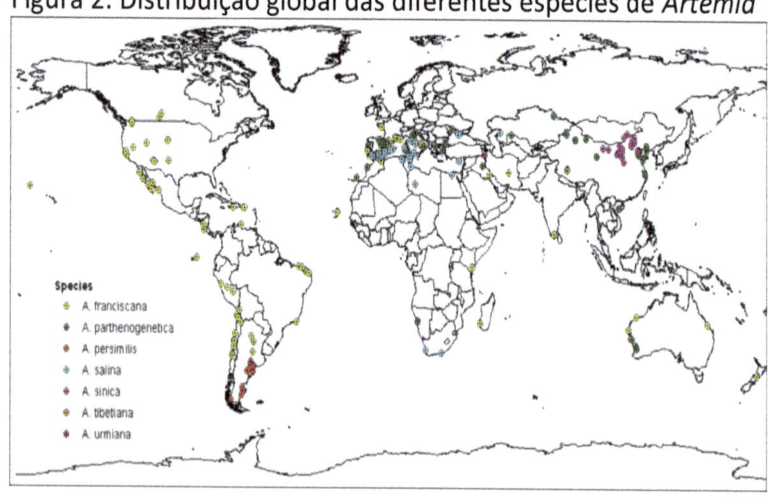

Fonte: Garcia (2009)

2.4 Morfologia externa

De acordo com Van Stappen (1996), a morfologia dos cistos de *Artemia* sp. pode ser descrita da seguinte forma: A casca dos cistos é formada por 03 estruturas: o córion, a membrana cuticular externa e a membrana cuticular embrionária. O córion é uma capa dura formada por lipoproteínas e tem como função principal proporcionar proteção adequada aos embriões contra rupturas mecânicas e radiação ultravioleta dos raios solares. As lipoproteínas são impregnadas de quitina e hematina (produto da decomposição da hemoglobina). A concentração de hematina é o fator que determina a cor da casca, variando de marrom pálido a marrom escuro. A membrana cuticular externa protege o embrião da penetração de moléculas maiores que a molécula de CO_2 e tem a função de filtro, atuando na permeabilidade. A cutícula embrionária é uma capa transparente e altamente elástica que separa o embrião da membrana cuticular e que se transforma em membrana de eclosão durante o processo de incubação (Figura 3). O embrião é uma fase de gástrula indiferenciada que se encontra em estado completamente ametabólico com níveis de água abaixo de 10%, então seu metabolismo fica em uma fase de parada reversível. A viabilidade do embrião é afetada quando os níveis de água excedem 10% (iniciando a atividade metabólica) e quando os cistos são expostos ao oxigênio (ventilação). Na presença de radiação cósmica de oxigênio, ocorre a formação de radicais livres que destroem os sistemas enzimáticos específicos dos cistos ametabólicos de *Artemia* (SORGELOOS et al., 1986).

Figura 3. Morfologia externa de um cisto de *Artemia*

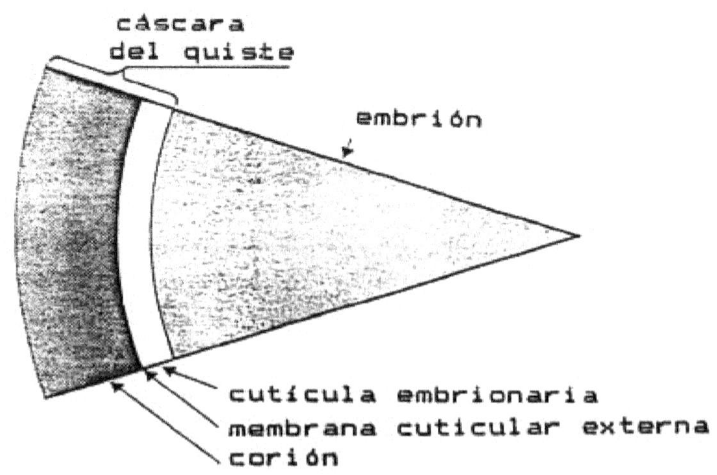

Fonte: FAO (1986)

Van Stappen (1996) afirma que no primeiro estágio larval, a *Artemia* sp. apresenta 400 a 500 µm de comprimento, tem uma cor marrom-laranja (por acumulação de reservas vitelínicas), um olho vermelho naupliar na região da cabeça e três pares de apêndices: primeiro par de antenas (função sensorial), segundo par de antenas (função locomotora e filtradora) e as mandíbulas (função de absorção dos alimentos). No estágio I a larva não se alimenta, pois seu trato digestivo ainda não é funcional, permanecendo com a boca e o ânus fechados, nutrindo-se apenas da reserva vitelínica. Segundo o mesmo autor, no estágio II, as larvas filtram pequenas partículas de 1 a 50 μm de alimentos (bactérias e detritos). Esta filtração é realizada pelo segundo par de antenas e a ingestão ocorre no trato digestivo funcional. A larva cresce e se diferencia por cerca de 15 mudas. Pares de apêndices lobulares aparecem na região torácica, os quais irão se diferenciar em toracópodos. A partir do estágio X, importantes mudanças morfológicas e funcionais ocorrem. Por exemplo, as antenas perdem a função locomotora e se transformam em elementos de diferenciação sexual (VAN STAPPEN, 1996).

Os adultos de *Artemia* sp. apresentam comprimento de ± 1 cm, corpo alongado, segmentado e dividido em cabeça, tórax e abdome (Figura 4). O trato digestivo das artêmias é linear e existem onze pares de toracópodos na região torácica, os quais são responsáveis pela alimentação, respiração e natação (VAN STAPPEN, 1996). A cabeça é formada por dois segmentos fusionados, os quais suportam dois olhos pedunculados, um olho náuplio, as antênulas e antenas. Nos indivíduos masculinos, estas antenas se diferenciam em um órgão (clásper) utilizado no processo copulativo para prender-se às artêmias fêmeas. Nos indivíduos machos o pênis é situado na parte posterior da região do abdome (SORGELOOS et al., 1986). As artêmias fêmeas podem ser facilmente reconhecidas pela presença da bolsa incubadora (útero externo) situada atrás do 11º par de toracópodos. Os óvulos se desenvolvem em dois ovários tubulares no abdome e, quando amadurecem, tornam-se esféricos e migram através de duas tubas uterinas para o útero (VAN STAPPEN, 1996). Segundo Vinatea (1994), a *Artemia* é um crustáceo pelo fato de ser um mandibulado aquático, é um braquiópode por possuir brânquias nos toracópodos e é um anostráceo por não possuir carapaça, o que não quer dizer que não possua exoesqueleto.

Figura 4. Morfologia externa de exemplares adultos de *Artemia* sp.

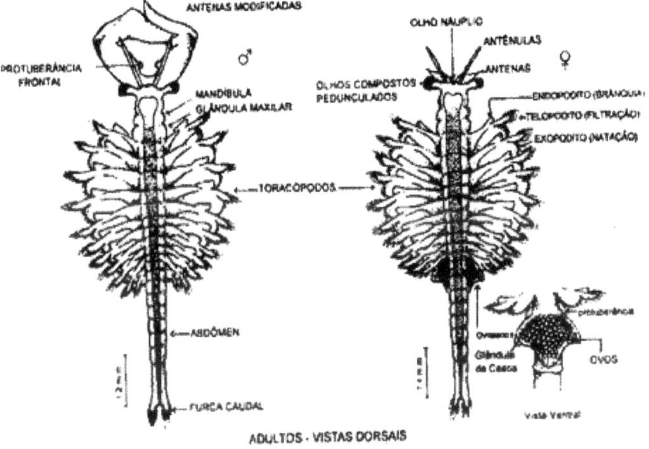

Fonte: Vinatea (1994)

2.5 Reprodução

Segundo Gomes (1986), as artêmias podem reproduzir sexuadamente ou partenogeneticamente. Nesta última, as fêmeas sozinhas conseguem gerar descendência sem a presença dos machos.

Na reprodução sexuada, de acordo com Igarashi (2008), existem dois modos reprodutivos: oviparidade e ovoviviparidade. Na oviparidade as fêmeas produzem cistos, liberando-os no ambiente geralmente quando as condições ambientais são desfavoráveis, ou seja, quando há baixo teor de oxigênio dissolvido, escassez de alimento e alta salinidade. No caso da ovoviviparidade, as fêmeas liberam náuplios (primeiro estágio larval) no ambiente e ocorre quando as condições ambientais são favoráveis, ou seja, quando há salinidade moderada, alto teor de oxigênio dissolvido e abundância de alimento.

As artêmias adultas podem alcançar a maturidade sexual em duas semanas, quando a temperatura ambiental supera os 25°C, ou em 01 ou 02 meses, quando as temperaturas são baixas, sendo que, a cada 04 a 05 dias podem produzir mais de 100 ou 300 descendentes (ARANA, 1999).

Pesquisadores procuraram identificar complexos de genes ligados à determinação das características reprodutivas de *Artemia* sp. e constataram a existência de fêmeas de linhagens bissexuais e partenogenéticas reproduzindo por ovoviviparidade na fase inicial e, posteriormente, por oviparidade. Registraram também que a inversão na forma de reprodução independe de fatores ambientais e que o encistamento está sob controle genético (CÂMARA, 2004).

Estudos apontam que são reconhecidas seis espécies com reprodução sexuada (*A. salina*, *A. franciscana*, *A. urmiana*, *A. tibetiana*, *A. sinica*, *A. persimilis*) e várias linhagens partenogenéticas com diferentes ploidias (2n, 3n, 4n e 5n) (GAJARDO et al., 2002; BAXEVANIS et al., 2006).

2.6 Ciclo de vida

Segundo Van Stappen (1996), o ciclo da *Artemia* sp. começa quando, no seu ambiente natural, em determinadas épocas do ano, as artêmias produzem cistos que flutuam na superfície da água e que são transportados pela ação do vento e das ondas. Estes cistos são metabolicamente inativos (estado de diapausa) e não se desenvolvem enquanto forem mantidos secos, podendo permanecer desta forma por cinco anos ou mais. Após a imersão em água salgada, os cistos bicôncavos hidratam, tornando-se esféricos e retomando seu metabolismo interrompido. Depois de aproximadamente 20 h, a membrana externa do cisto estoura e o embrião aparece e, enquanto o embrião é mantido debaixo da capa vazia (estágio de sombrinha), o desenvolvimento do náuplio é completado. Em um curto intervalo de tempo, a membrana de eclosão finalmente é rompida e o náuplio (primeiro estágio larval) nasce. O tempo de desenvolvimento de náuplio até a fase adulta é de oito dias (VAN STAPPEN, 1996).

Em contrapartida, Vinatea (1994) afirma que o ciclo de vida da *Artemia* sp. dura aproximadamente quatorze dias, sendo que, após a fase de náuplio, seguem- se as fases de metanáuplio I e II, III e IV, juvenil e adulto (Figura 5). Já Igarashi (2008), afirma que o ciclo de vida da *Artemia* sp. pode-se distinguir 04 estágios morfológicos de desenvolvimento: náuplio, metanauplio, pré-adulto e adulto.

Figura 5. Ciclo de vida da *Artemia*

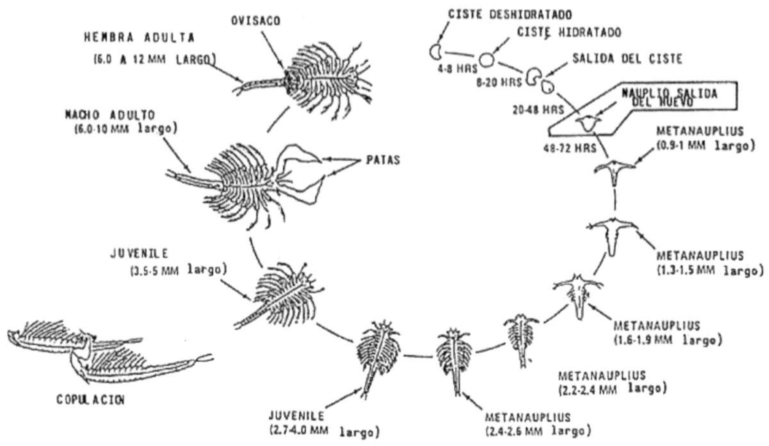

Fonte: FAO (1988)

2.7 Fisiologia

A *Artemia* sp. é considerada uma espécie extremamente eurialina, tolerando variações de salinidade entre 3 e 300‰ (TREECE, 2000). Além disso, a composição iônica dos sais pode ser muito diferente (Na^+, K^+, Ca^{2+}, Mg^{2+}, Cl^-, SO_4^{2-}, CO_3^{2-}; ZÚÑIGA et al., 1999).

Van Stappen (1996) afirma que as artêmias possuem um eficiente sistema de osmorregulação conhecido no reino animal, capacidade de sintetizar pigmentos respiratórios de maneira eficiente, com baixos níveis de oxigênio dissolvido em altas salinidades, além de produzirem cistos em diapausa quando as condições ambientais comprometem a sobrevivência da espécie. Neste tipo de ambiente, as artêmias crescem e se reproduzem com um número reduzido de predadores, competidores e parasitas.

O intervalo de temperaturas em que se pode encontrar *Artemia* é bastante alargado, podendo ser observada na natureza entre os 5 e os 35ºC, mas a temperatura ótima, segundo Amat (1995), está compreendida entre os 25 e os 30ºC. Contudo, este intervalo varia consideravelmente com as diferentes espécies. Geralmente, a solubilidade do oxigénio é inversamente proporcional à temperatura e salinidade. Assim, é facilmente deduzível que estes ecossistemas sejam bastante anóxicos (AMAT, 1985). Para contrariar esta deficiência em oxigénio disponível, a *Artemia* recorre ao metabolismo anaeróbico, utilizando a hemoglobina Hb3 em concentrações muito grandes para facilitar a captação de oxigénio. Quando isto acontece, a sua cor fica muito mais vermelha/alaranjada (MENDES, 2014).

2.8 Sistema de filtração

Reeve (1963) afirma que as artêmias absorvem bactérias, microalgas e partículas orgânicas e inorgânicas com tamanho até 50 µm. A absorção é realizada através de um processo de filtração contínuo. As artêmias regulam a taxa de alimentação de acordo com a concentração no meio, mantendo uma taxa de filtração máxima enquanto a taxa de ingestão aumenta. Em animais idosos, a taxa máxima de ingestão ocorre em concentrações celulares mais baixos do que em animais jovens.

A filtração do alimento ocorre nos toracópodos os quais produzem batimentos rítmicos provocando correntes de água que percorrem todo o corpo do animal através do canal ventral, indo da porção posterior do corpo para a porção anterior. Estas correntes transportam as partículas retidas nos telopoditos para o átrio bucal de onde passam para o labro e se acumulam. Em seguida a massa alimentar cai nas maxilas e mandíbulas, passa ao esôfago e daí para o estômago (SANTOS, 1998). Com alta disponibilidade de alimento no ambiente, durante este trajeto a taxa de filtração diminui com o aumento da concentração de partículas, ficando estas acumuladas, podendo interferir no processo normal de seus batimentos. Outro efeito das altas concentrações é que podem passar diretamente pelo tubo digestivo sem sofrer digestão, tornando o indivíduo subnutrido (PEREIRA et al., 2015). Estudos recentes comprovam a ação tóxica de várias substâncias naturais nestes pequenos animais (NASCIMENTO et al., 2008).

CAPÍTULO 3 – AQUICULTURA

3.1 Introdução

Através de técnicas de aquicultura é possível produzir cistos e biomassa de *Artemia* sp. sob condições controladas.

Existe o cultivo extensivo – principalmente em salinas com uma segunda fonte de renda cuja densidade fica em torno de 100 artêmias/litro. Neste sistema as microalgas são a principal fonte de alimento e a adubação da água pode ser feita com fertilizantes orgânicos ou minerais (Figura 6).

Figura 6. Produção de *Artemia* em salinas artificiais na Baía de São Francisco, EUA

Fonte: Mendes (2014)

O cultivo intensivo pode ser através do sistema batch ou circuito fechado (sem renovação de água) e o sistema *flow-through* ou circuito aberto (com renovação de água). Nestes sistemas a alimentação pode ser natural (microalgas cultivadas) ou inerte (farinhas de subprodutos agrícolas). A densidade praticada pode ser em torno de 10.000 artêmias/litro.

As principais vantagens da produção controlada de *Artemia* sp. em tanques ou *raceways* é que podem ser realizadas a densidades muito altas (milhares de artêmias por litro, em comparação a algumas centenas de indivíduos por litro no sistema extensivo), independentemente das condições meteorológicas locais (estações seca ou chuvosa) ou da disponibilidade *in situ* da água do mar natural, pois utilizam água do mar artificial em sistemas de recirculação (SORGELOOS et al., 1986).

A produção mundial de cistos de camarão de salmoura oscilou em torno de 4000 toneladas por ano (CAMARA, 2020). Litvinenko et al. (2015) relataram que a produção global total de *Artemia* nos últimos anos tem sido entre 3000 e 4000 toneladas por ano.

No Brasil, Câmara (2020) relatou que a produção total anual excedeu trinta toneladas de cistos (peso seco) em uma área de coleta de 3000 ha em 1979, caiu para menos de duas toneladas em 1984 e estagnou em torno de quatro toneladas nos anos seguintes, apesar de um esforço crescente para coleta de cistos.

3.2 Importância econômica

Das espécies compreendidas do gênero *Artemia*, a mais estudada tem sido a *Artemia franciscana*. É uma espécie sexuada originaria do continente americano cujos cistos são comercializados em todo o mundo desde os anos 50 como alimento para alevinos cultivados em fazendas aquícolas (LAVENS e SORGELOOS, 2000). O grande interesse econômico nessa espécie são as formas de obter maiores rendimentos, estudando aspectos sobre sua fertilidade, maduração e conteúdo em ácidos graxos (MALPICA-SÁNCHEZ et al., 2004; RUIZ et al., 2007).

Com o crescimento exponencial da aquicultura, devido principalmente ao aumento da demanda por alimento e a alta lucratividade de alguns setores aquícolas, o consumo mundial de *Artemia* aumentou consideravelmente, ocasionando um aumento no preço do insumo que passou de US$ 10/Kg, no início dos anos 50, para 100 US$, em 2001 (FREITAS, 2002). Para o aquicultor produzir seu cultivo e obter retornos financeiros, suas exigências são que as cepas apresentem uma boa esfericidade, sem deformidades na casca e manuseadas corretamente.

3.3 Coleta e processamento

Sorgeloos (1977) mostrou que as técnicas de coleta dos cistos são bastante primitivas: impulsionadas pelo vento e pelas correntes, os cistos flutuantes se acumulam ao longo das margens do lago de sal onde são colocados em sacos. Segundo o mesmo autor, o intervalo de tempo, no entanto, entre a lavagem em terra e a colheita não é constante e costuma ocorrer por várias semanas.

De acordo com Câmara (2000) atualmente, o extrativismo (coleta) de cistos de *Artemia* no Brasil é conduzido de forma mais acentuada por empreendimentos familiares (de baixo capital financeiro e tecnológico) localizados em Grossos

(RN). Esta mudança tem causado uma perda substancial no padrão de qualidade dos cistos produzidos.

Igarashi (2021) relata que as técnicas de coleta dos cistos são quase que primitivas. As salinas favorecem a produção do sal e consequentemente de *Artemia*. A alta salinidade da água do mar é conseguida com a sua evaporação. O mesmo autor afirma que a sustentabilidade das práticas de extrativismo atualmente em uso, depende da geração de renda e da otimização dos recursos naturais, conhecendo a capacidade máxima sustentável da coleta de *Artemia* (cistos, juvenis e adultos) e que a aplicação de melhores técnicas de colheita pode aliviar a demanda atual por cistos de *Artemia*.

Segundo Câmara (2004), embora a biomassa de *Artemia* apresente elevada heterogeneidade na sua distribuição, a ação dos ventos e a busca por refúgios com temperaturas mais amenas concorrem para a concentração da biomassa em canais, depressões ou extremidades dos evaporadores, de onde é colhida, normalmente no início da manhã, através de redes, puçás e sacos de algodão.

A biomassa de *Artemia* após a coleta é processada e congelada. Segundo Câmara (2004) a biomassa de *Artemia* é processada através da lavagem rápida para retirada de detritos e excesso de sal (Figura 7); embalada em sacos plásticos; armazenada em congeladores de uso doméstico ou câmaras frias industriais; e finalmente, comercializada em tabletes congelados, por preços ao redor de US$ 1 por quilo. Fatores como método de secagem (artesanal ou industrial), pluviosidade, acondicionamento e armazenagem influem, da mesma forma na qualidade do produto final (AMARAL, 1987).

Figura 7. Processo de lavagem de *Artemia*

Fonte: Araújo (2002)

CAPÍTULO 4 - ALIMENTAÇÃO

4.1 Introdução

A alimentação é um processo no qual os seres vivos assimilam o alimento necessário para a realização de suas atividades vitais. Sem nos alimentarmos, não conseguimos desempenhar funções básicas do nosso organismo, como crescer e nos reproduzir. Uma alimentação saudável está relacionada com uma melhor qualidade de vida, enquanto uma alimentação inadequada está diretamente relacionada com o surgimento de problemas graves de saúde. Neste capítulo é mostrada a importância das artêmias como possível alimento na dieta alimentar humana, como alimento vivo para os estágios de crescimento de crustáceos e peixes e quais tipos de alimentos devem ser administrados para um melhor crescimento e desenvolvimento de *Artemia* sp.

4.2 Alimentação humana

Os pesquisadores preocupados com o declínio de alimento e a escassez de proteína para os humanos, afirmam que num futuro próximo as artêmias poderão ser utilizadas em forma de biomassa para melhorar a dieta dos povos latinoamericanos e do terceiro mundo. Nesse contexto, a proteína de origem animal pode suprir com maior facilidade os requerimentos proteicos de animais e seres humanos do que a proteína de origem vegetal (FERNANDES e GONÇALVES, 2016).

Atualmente o consumo de farinhas de carne, peixe, sangue ou vísceras enfrenta barreiras sanitárias para a sua utilização na alimentação animal, enquanto o consumo de produtos cárneos por seres humanos pode estar associado a diversos fatores, como poder aquisitivo da população, restrições ideológicas ou religiosas, riscos cardiovasculares, carga microbiana, dentre outros (FERNANDES e GONÇALVES, 2016).

A busca de uma proteína de qualidade e de baixo custo motiva a pesquisa por fontes alternativas deste nutriente. Desta forma, a *Artemia* surge como uma potencial fonte exclusiva de proteína ou como uma fonte de suplementação aminoacídica, já que os aminoácidos não sintetizados pelo organismo humano podem ser encontrados neste crustáceo de ampla distribuição mundial (FERNANDES e GONÇALVES, 2016).

Outro fator a ser considerado a respeito da inclusão de *Artemia* na alimentação humana refere-se à presença de vitaminas antioxidantes em sua composição. As recomendações de ingestão dietética de referência são estabelecidas para a prevenção de deficiências nutricionais, não se levando em consideração a possibilidade de redução dos riscos de desenvolvimento de doenças crônicas (FERNANDES e GONÇALVES, 2016).

Historicamente surgem evidências que estes crustáceos já foram parte integrante na alimentação de nativos da Líbia na África e tribos de índios (Asem, 2008) na Califórnia. Verificou-se também que no Vietnã as pessoas que cultivam *Artemia* incorporaram a biomassa deste crustáceo em sua dieta habitual. Várias receitas orientais utilizando biomassa de *Artemia* como ingrediente tem sido bem recebidas na Tailândia (MOT, 1984). Embora existam informações nutricionais sobre a *Artemia*, muito pouco foi estudado sobre a sua utilização para a nutrição humana, devendo ainda haver mais pesquisas que fundamentem a sua viabilidade para esta espécie.

4.3 Alimentação para organismos aquáticos

A *Artemia* é geralmente utilizada para a alimentação dos estágios de larva e pós-larva de camarões peneídeos. Náuplios recém-eclodidos são oferecidos no início da fase de mísis. Alguns autores recomendam a alimentação de artêmia durante a segunda fase de zoea (VAN STAPPEN, 1996).

A variabilidade do valor nutricional dos náuplios de *Artemia* sp. como fonte de alimento para larvas de peixes marinhos tem sido documentada. A aplicação de HUFA (*Highly Unsaturated Fatty Acid*) na dieta de *Artemia* teve um efeito significativo na larvicultura de peixes marinhos, resultando no aumento da sobrevida e redução da variabilidade na produção piscícola (VAN STAPPEN, 1996).

Com o surgimento de novos estudos e novas tecnologias de produção de diversas espécies aquáticas, os náuplios de *Artemia* passaram a ser utilizados também como alimentação inicial de larvas de espécies de água doce. Como exemplo de peixes destacam-se o pintado *Pseudoplatystoma coruscans* (LOPES, 1996), o pacu *Piaractus mesopotamicus* (JOMORI et al., 2003, 2005) e o cascudo preto *Rhinelepis aspera* (LÓPEZ, 2005).

A utilização dos náuplios de *Artemia* como alimento vivo na larvicultura de peixes de água doce tem demonstrado ser excelente alternativa para aumentar a sobrevivência e o desempenho de crescimento de algumas espécies de peixes (JOMORI et al., 2003). Porém, esse item representa a maior parte dos custos de produção na larvicultura intensiva (JOMORI et al., 2005). Considerando-se que os náuplios de *Artemia* recém eclodidos medem cerca de 250 µm, uma possível alternativa para a diminuição dos gastos com alimentação viva seria o aumento do tamanho dessa presa. Outro aspecto a ser destacado é a adequação do tamanho da partícula (alimento vivo) com o tamanho da boca das larvas e sua capacidade de ingerir o alimento (TAKATA, 2007).

Considerando que as artêmias podem servir de alimento para diferentes tipos de larvas de peixes e crustáceos, o tamanho final delas deve ser apropriado para aquela fase específica de desenvolvimento da larva, o que não necessariamente significa que ela tenha que ser grande. Neste sentido, a sobrevivência final da cultura, passa a ser um fator mais importante, pois mesmo que um dado alimento resulte em organismos menores do que aqueles alimentados com alimentação natural, isto pode representar uma vantagem em termos de ter um tamanho apropriado para uma fase específica de desenvolvimento da larva que vai se alimentar da artêmia (CORREA JÚNIOR, 2017).

As artêmias adultas vivas e congeladas são utilizadas como alimento para espécies de peixes de aquário (Figura 8). Cistos também são adquiridos e incubados para alimentação sob a forma de náuplios. Níveis de sobrevivência, vigor e pigmentação foram relatadas significativamente em várias espécies de peixes tropicais quando os níveis de HUFA aumentaram (VAN STAPPEN, 1996). Tais organismos, por serem fornecidos vivos e aguentarem cerca de 24 horas com vida dentro do aquário, reduzem o risco de poluição da água e estimulam o lado predador dos peixes, que perseguem e caçam os seus alimentos.

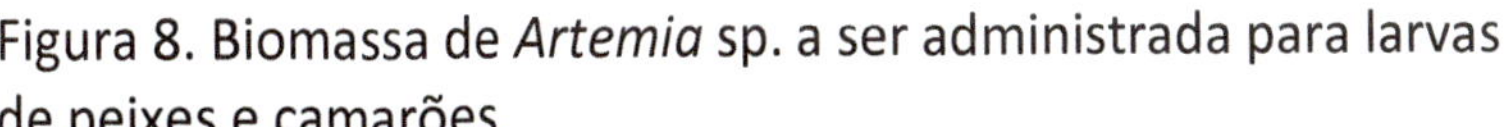

Figura 8. Biomassa de *Artemia* sp. a ser administrada para larvas de peixes e camarões

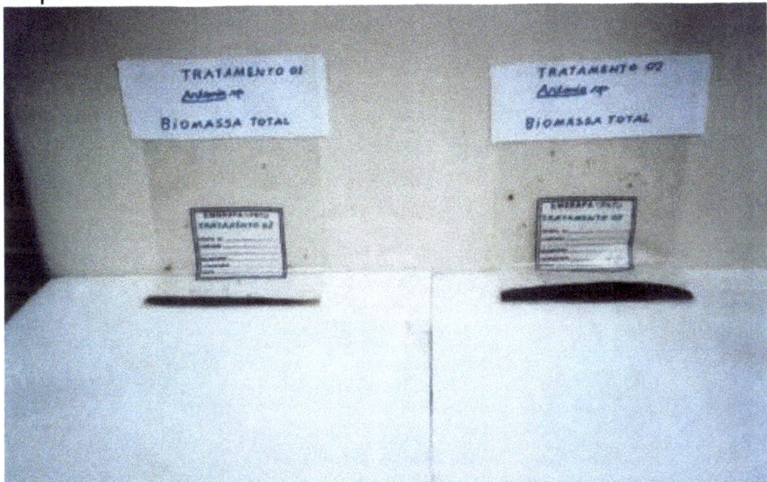

Fonte: Corrêa (2004)

Observam-se também grandes variações no rendimento (taxa de eclosão) dos náuplios em cistos obtidos em diferentes produtores. Algumas linhagens deste crustáceo nos garantem melhor crescimento e rendimento as larvas de camarões e peixes. Esse fato é explicado possivelmente a falta de ácidos graxos de cadeia longa ou até mesmo as condições ambientais do local e época de produção dos cistos. A Figura 9 mostra um meio de cultivo propício para o desenvolvimento de *Artemia* sp.

Figura 9. Ambiente de cultivo de *Artemia* sp.

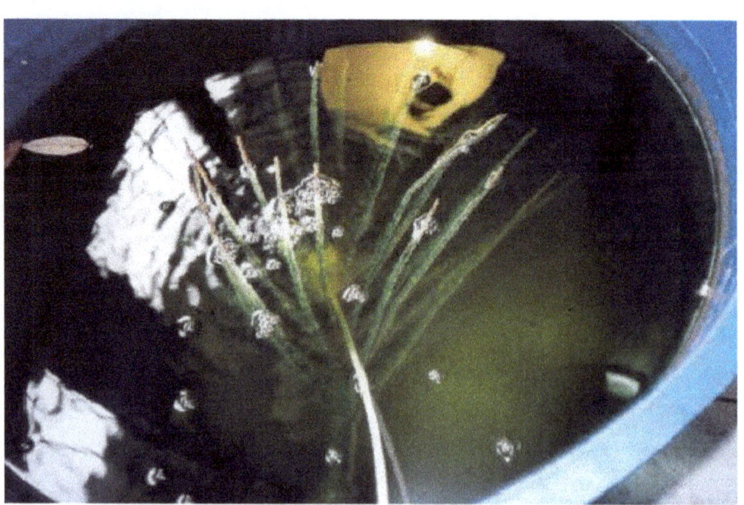

Fonte: Corrêa (2004)

4.4 Administração da dieta

Para o desenvolvimento de um sistema de eclosão e larvicultura de artêmias, bem como o cultivo de animais adultos, a adoção de uma dieta balanceada está interrelacionada com a produção de certos microorganismos do fitoplâncton e também rações. (KLEIN, 1993).

Entre as microalgas que são utilizadas como alimento para o cultivo de *Artemia* estão espécies dos gêneros *Nannochloropsis*, *Dunaliella*, *Chaetoceros*, *Phaeodactylum*,

Tetraselmis e *Isochrysis* (CAMPOS et al., 2010). As proteínas são os componentes essenciais das microalgas e seu valor nutricional está determinado pelo conteúdo e disponibilidade dos aminoácidos que as constituem. Essas microalgas são bastante utilizadas na aquicultura por sua facilidade no cultivo, pequeno tamanho, crescimento acelerado e alto teor de ácidos graxos poli-insaturados, principalmente a *Nannochloropsis oculata* por acumular uma grande quantidade do ácido eicosapentaenoico EPA (CORREA JÚNIOR, 2017).

Na literatura são encontrados trabalhos em que foram testados diferentes tipos de dietas para o cultivo da *Artemia*, tais como aveia (NAEGEL, 1999), algas (NAEGEL, 1999; EVJEMO e OLSEN, 1999) e bactérias (MARQUES et al., 2004). Estudos sobre dietas adequadas são de grande valor para o estabelecimento de manejo prático de cultivo, considerando-se que as dietas vivas oferecidas na maioria dos cultivos de organismos planctônicos implicam em alto custo de produção e requerem muito cuidado na manutenção, devido à contaminação. Consequentemente, a utilização de dieta inerte reveste-se de especial importância nas investigações para produção massiva de juvenis de *Artemia* (TAKATA, 2007).

Alimentos como farelo de soja, milho, arroz e farinha de peixe também têm sido estudadas como alternativa de dietas inertes para o cultivo de *Artemia* (TAKATA, 2007; TORRES, 2016). Porém, ainda não se sabe se esses alimentos são viáveis para o cultivo desses crustáceos, já que, por exemplo a soja, pode possuir fatores antinutricionais como inibidores de tripsina, ácido fítico e oligossacarídios de rafinose, mesmo sendo rica em proteínas e aminoácidos essenciais (CORREA JÚNIOR, 2017), prejudicando portando o crescimento dos animais. Por outro lado, mesmo que o alimento inerte não seja tão produtivo em termos de crescimento quanto o alimento vivo, ele pode ser uma boa opção para garantir o fornecimento de alimento quando existir perda do cultivo de microalgas, por exemplo por contaminação ou falta de energia (TORRES, 2016).

Klein (1993) publicou um trabalho que consistiu na análise de diferentes tipos de produtos disponíveis no Nordeste do Brasil, com elevado teor proteico e como componente básico na preparação de rações para alimentação de *Artemia* sp. Dos componentes utilizados, os que apresentaram melhor resultado em nível de proteína bruta foram: feno de cunhã, talo de cipó-de-tatu, rama de batata doce e couve, todos com resultados finais de proteína bruta acima de 20%.

Corrêa (2004) publicou um trabalho que consistiu na alimentação de artêmias, com diferentes dietas e em condições controladas de laboratório, utilizando-se plâncton (fito e zoo) como alimento natural e sumo da folha de maniva como alimento inerte (Figura 10).

Figura 10. Dietas ministradas durante o período de cultivo

Fonte: Corrêa (2004)

CORREA JÚNIOR (2017) testando a eficácia de três dietas (farinhas de peixe, milho e arroz) para o cultivo de náuplios de *Artemia*, verificou que a utilização das farinhas de milho e arroz para o cultivo da *Artemia* se mostrou uma alternativa viável, pois ao longo de 11 dias, os organismos alimentados com estes itens cresceram satisfatoriamente, tiveram boa sobrevivência e apresentaram boa atividade natatória, o que indica que estes alimentos propiciaram um desenvolvimento saudável dos indivíduos para todas as repetições. Já a farinha de peixe não se mostrou como uma boa alternativa, já que em todas as repetições do tratamento o crescimento das artêmias foi baixo.

Portanto, o alimento inerte pode ser uma solução muito eficaz para garantir a viabilidade, em termos econômicos, do cultivo de *Artemia*.

CAPÍTULO 5 – MANEJO

5.1 Introdução

Entende-se por manejo a intervenção realizada pelo homem, que ocorre de forma ocasional ou sistemática, visando o desenvolvimento, uso e promoção de práticas, processos e tecnologias utilizadas no cultivo de organismos aquáticos. Em outras palavras, é a forma como os organismos serão criados (alimentação, reprodução, saúde e ambiente). Neste capítulo são mostradas as técnicas de manejo de forma a produzir artêmias como alimento vivo para larvas de crustáceos e peixes, assim como determinar a taxa de eclosão e calcular estimativas de biomassa parcial e total.

5.2 Qualidade dos cistos

De acordo com as necessidades de se produzir artêmias como alimento vivo para larvas de crustáceos e peixes e para atender futuramente os produtores rurais, é de fundamental importância executar um teste de qualidade dos cistos de *Artemia* sp. antes de produzi-los por eclosão. O procedimento é o seguinte:

1. Coloca-se cada cepa (1g) de *Artemia* sp. em Placas de Petri para comparação;
2. Leva-se cada cepa para ser visualizada em uma lupa e movimenta-se cada cisto com o auxílio de uma seringa com agulha.

Caso os cistos apresentem uma coloração alaranjada, boa esfericidade e sem deformidades, além de serem transparentes, pode-se afirmar que são de boa qualidade. Se os cistos apresentarem uma coloração cinza, com deformidades na casca e serem opacos, pode-se afirmar que os cistos sofreram intensa umidade, foram armazenados em local inadequado, portanto, de qualidade não adequada.

5.3 Métodos para obtenção das larvas

De acordo com as necessidades e o tipo de trabalho a ser desenvolvido, em laboratórios de produção de larvas de camarões e peixes existem dois métodos ou técnicas básicas para a produção de larvas de artêmias. São eles:

5.3.1 Método da incubação

Inicialmente é necessária uma desinfecção por imersão em solução de 200 mg/l de hipoclorito de sódio por 20 minutos.

- Em seguida lava-se os cistos com água doce em uma tela de 60 µm;
- Utilizam-se tanques cilíndricos, cônicos e transparentes para a incubação (Figura 11);
- É necessária uma entrada de ar ou mais dependendo do tamanho do recipiente (incubadora);
- A temperatura deverá estar em torno de 28°C, o pH neutro e salinidade em torno de 15;
- A densidade aproximada é de 1,5 g/l. A iluminação deverá ser constante pelo menos nas 3 primeiras horas da incubação (1000 lux);
- Dependendo da cepa, após 12 – 14 horas já é evidente o rompimento da casca do cisto e o surgimento do embrião. Depois de 16 – 24 horas os náuplios já nadam livremente.

A partir daí é necessário o recolhimento das larvas de *Artemia* para a utilização como alimento vivo para larvas de camarões e peixes ou até mesmo para a obtenção de biomassa de animais adultos. Faz-se necessário uma lavagem dos náuplios em água doce para remover resíduos (bactérias e o restante de glicerol).

Corrêa (2004) em um experimento no Laboratório de Organismos Aquáticos Cultiváveis da UFRA, com a finalidade de estimar a taxa de eclosão, obteve os seguintes resultados para dois tratamentos: pH da água = 8,2; alcalinidade da água = 130 mg/l; temperatura do experimento = 28,9°C e 28,7°C e temperatura ambiental = 28,5°C. Os tratamentos apresentaram 85% e 70% de eclosão, respectivamente.

Figura 11. Incubadoras utilizadas no processo de eclosão dos cistos de *Artemia* sp.

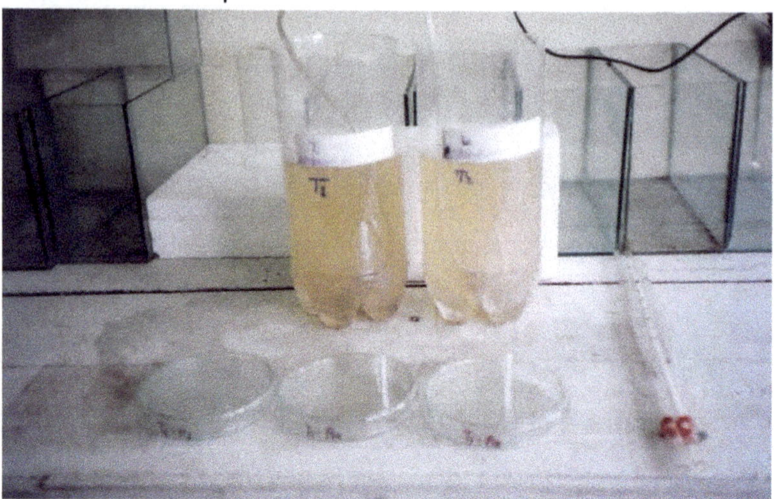

Fonte: Corrêa (2004)

5.3.2 Método da descapsulação dos cistos

Na descapsulação dos cistos poderemos utilizar dois tipos de reagente (hipoclorito de sódio, NaOCl – água sanitária ou $Ca(OCl)_2$) – hipoclorito de cálcio. É importante manter a densidade de 1g de cistos/ 14 ml de solução descapsulante. O laboratório da SAGRI, em Curuperé utiliza 200 ml de NaOCl para 10 litros de água (Afrânio, informação pessoal).

Para descapsular os cistos de *Artemia* sp. deveremos utilizar os seguintes procedimentos:

1. Colocar os cistos em um recipiente cilindro-cônico com água doce ou salgada para hidratação numa concentração de até 50g/l;
2. Manter a aeração constante durante o período de 1 – 2 horas;
3. Filtrar e após a lavagem dos cistos adicionar a solução de descapsulação (para 3 litros de NaOCl comercial adicionados a 148g de carbonato de sódio comercial previamente dissolvido em 3 litros de água doce ou salgada – até 35 ‰) para 200g de cistos;
4. Lavar os cistos sob água corrente utilizando uma rede de 150 – 200 µm;

5. Após a lavagem dos cistos adicionar a solução de descapsulação (para 3 litros de NaOCl comercial adicionados a 148g de carbonato de sódio comercial previamente dissolvido em 3 litros de água doce ou salgada – até 35 ‰) para 200g de cistos;

Observação: CARVALHO & MATIAS (1998) admitem a seguinte uma solução descapsulante para 100g de cistos constando de:

- Água salobra bem gelada (+ ou – 830 ml);
- Hipoclorito de sódio (NaOCl) com 10% de cloro ativo – 500ml;
- Solução padrão de hidróxido de sódio – 33ml (40g de cristais de NaOH em 100ml de água destilada.

6. Manter aeração forte e constante ou agitar continuamente, adicionando gelo para evitar temperaturas superiores a 35 – 40ºC (o ideal é 15 –20ºC);

Observação: O tempo necessário para a descapsulação dependerá da concentração de cloro ativo e qualidade dos cistos. Pode variar de 5 – 10 minutos. Acima disso corre-se o risco de danificar os embriões dos cistos já descapsulados. A coloração de marrom para cinza e posteriormente para laranja, no caso do NaOCl, é um indício de evolução do processo.

7. Lavar várias vezes os cistos descapsulados até não restar resíduo sensível (odor) do hipoclorito;
8. Colocar os cistos descapsulados em 2 litros de água doce, contendo 1g de tiossulfato de sódio 2,0 N. Agitar por 2 a 5 minutos;
9. Deixar os cistos descapsulados decantarem;
10. Retirar as impurezas e os cistos não-descapsulados que permanecem na superfície;
11. Filtrar os cistos descapsulados e em seguida lavar bem com água doce;
12. Os cistos descapsulados podem ser usados imediatamente ou estocados para uso posterior. Nesse último caso, devem ser colocados em solução de NaCl (300 g/l) e aerados por 5 minutos. Ao interromper a aeração, os cistos flutuam e as impurezas decantam, sendo então drenadas. Aerar por mais 2 horas, filtrar os cistos e colocá-los no mesmo tipo de salmoura para depois usar.

Observação: Os cistos descapsulados não devem ser expostos à luz do sol.

13. Para eclosão dos náuplios, colocar os cistos já descapsulados nos tanques de eclosão de *Artemia*, numa concentração máxima de 2g de cistos/litro de água salobra (+ ou - 5‰) e temperatura mantida entre 28 – 30ºC;
14. Um conjunto de lâmpadas fluorescente (1X40W ou 2X20W) deverá ser mantida a aproximadamente 20 cm acima da borda dos tanques de eclosão, para proporcionar uma luminosidade de 1000 lux.

O processo de eclosão tem uma duração média de 18 a 24 horas.

5.4 Determinação da taxa de eclosão

Vários métodos são aplicados para determinação da percentagem de eclosão dos cistos de *Artemia* sp.

a) Método 1

1. Pesamos 1g de cistos e colocamos para eclodir em 1 litro de água a 15 ‰;

2. Homogeneiza-se a solução que contém os náuplios eclodidos e extrai-se dela uma amostra de 4ml;
3. Contamos o número de náuplios da amostra e estima- se seu número para o volume de 1 litro;

Por exemplo: Foram coletados 800 náuplios da amostra de 4ml. Então o número total de náuplios em 1litro de solução será de 800 X 1000/4 = 200.000 náuplios. Como 1g de cistos contém ≅ 250.000 cistos, então a taxa de eclosão é de 200.000 / 250.000 = 80%.

Observação: se necessário repete-se 3 vezes a amostra de 4ml.

b) Método 2

1. Levam-se 100 cistos para eclodir;
2. Conta-se depois os náuplios resultantes;
3. Se o resultado for 95 náuplios, a taxa de eclosão é de 95%.

Observações importantes:

- Torna-se necessário a retirada de pelo menos 3 amostras em todos os métodos;

- A contagem dos náuplios torna-se mais fácil se as amostras forem divididas em gotas sobre uma lâmina de vidro sob visualização de uma lente de aumento.

5.5 Estimativas de biomassas

5.5.1 Biomassa parcial

Para a determinação da taxa de crescimento em peso, faz-se necessário fazer uma estimativa da biomassa parcial. Um dos procedimentos é o seguinte:

1. Coletam-se amostras aleatórias (pelo menos 30) de *Artemia* sp. durante o período de cultivo com o auxílio de dois béqueres;
2. Levam-se as amostras para um laboratório para pesagem (Figura 12);
3. Separa-se as artêmias da água do mar utilizando um puçá e coloca-se em béqueres contendo água do mar;
4. Após feito a tara dos béqueres na balança, colocam-se os mesmos na balança para pesagem.

Após feita a pesagem, transportam-se as artêmias de volta ao ambiente de cultivo.

Figura 12. Aspecto geral no momento da pesagem de exemplares de *Artemia* sp.

Fonte: Corrêa (2004)

5.5.2 Biomassa total

Para a estimativa da biomassa total, é necessário seguir algumas técnicas para possibilitar um melhor manejo da população. Tal procedimento se faz da seguinte maneira:

1. Coletam-se as artêmias aleatoriamente utilizando béqueres de 500 ml em regiões distintas do meio de cultivo (no mínimo três);

2. Transportam-se as artêmias para recipientes maiores e faz-se a contagem a olho nu;
3. Após feita a contagem, transportam-se as artêmias de volta ao ambiente de cultivo.

REFERÊNCIAS

ABATZOPOULOS, T. J.; AGH, N.; VAN STAPPEN, G.; RAZAVI-ROUHANI, S. M.; SORGELOOS, P. *Artemia* sites in Iran. **Journal of the Marine Biological Association of the United Kingdom**, v.86, p.299-307, 2006.

ACEY, R. A.; BAILEY, S.; HEALY, P.; JO, C.; UNGER, T. F.; HUDSON, R. A. A butyrylcholinesterase in the early development of the brine shrimp (*Artemia salina*) larvae: a target for phthalate ester embryotoxicity? **Biochemical and Biophysical Research Communications**, v.299, p.659–662, 2002.

AMARAL, V. M. P. G. Cultivo de *Artemia* spp. *In*: OGAWA, M.; KOIKE, J. (Eds.). **Manual de Pesca**. Fortaleza: Associação dos Engenheiros de Pesca do Estado do Ceará, 1987. p.251-253.

AMAT, F. Biologia de *Artemia*. **Informes Tecnicos del Instistuto Investigaciones Pesqueras**, v.126-127, p.3-60, 1985.

AMAT, F.; BARATA, C.; HONTORIA, F.; NAVARRO, J. C.; VARÓ, I. Biogeography of the genus *Artemia* (Crustacea, Branchiopoda, Anostraca) in Spain. **International Journal of Salt Lake Research**, v.3, n.2, p.175-190, 1995.

ARANA, L. V. **Manual de producción de** *Artemia* **(Quistes y Biomassa) en Módulos de Cultivo**. Universidad Autónoma Metropolitana, México, 1999. 47 p.

ASEM, A. Historical record on brine shrimp *Artemia* more than one thousand years ago from Urmia Lake, Iran. **Journal of Biological Research**. Thessaloniki, v.9, p. 113–114, 2008.

ASEM, A.; EIMANIFAR, A. Updating historical record on brine shrimp *Artemia* (Crustacea: Anostraca) fromUrmia Lake (Iran) in the first half of the 10th century AD. **International Journal of Aquatic Science**, v.7, n.1, p.3-5, 2016.

BARAHONA, M. V.; SANCHEZ-FORTUN, S. Toxicity of carbamates to the brine shrimp *Artemia salina* and the effect of atropine, BW284c51, iso-OMPA and 2- PAM on carbaryl toxicity. **Environmental Pollution**, v.104, p.469–476, 1999.

BAXEVANIS, A. D.; KAPPAS, I.; ABATZOPOULOS, T. J. Molecular phylogenetics and asexuality in the brine shrimp *Artemia*. **Molecular Phylogenetics and Evolution**, v.40, p.724-738, 2006.

BOWEN, S. T.; FOGARINO, E. A.; HITCHNER, K. N.; DANA, G. L.; CHOW, V. H. S.; BUONCRISTIANI, M. R.; CARL, J. R. Ecological isolation in *Artemia*: Population differences in tolerance of anion concentrations. **Journal of Crustacean Biology**, v.5, p.106-129, 1985.

BROWNE, R. A. Genetic and ecological divergence of sexual and asexual brine shrimp (*Artemia*) populations in the Mediterranean Basin. **National Geographic Research**, v.4, p.310, 1988.

BROWNE, R. A.; MACDONALD, G. H. Biogeography of the brine shrimp, *Artemia*: Distribution of pathenogenetic and sexual populations. **Journal of Biogeography**, v.9, p.331-338, 1982.

CÂMARA, M. R. *Artemia* no Brasil: em busca de um modelo autossustentável de produção. **Panorama da aquicultura**, Rio de Janeiro, v.10, n.62, p.16-19, 1996.

CÂMARA, M. R. Cistos de *Artemia*: oscilações globais de produção, mistérios científicos e desafios tecnológicos. **Panorama da aquicultura**, Rio de Janeiro, v.14, n. 83, p.24-29, 2004.

CÂMARA, M. R. Biomassa de *Artemia* na carcinicultura: repercussões ambientais, econômicas e sociais. **Panorama da aquicultura**, v.14, n.82, p.40-45, 2004.

CÂMARA, M. R. After the gold rush: A review of *Artemia* cyst production in northeastern Brazil. **Aquaculture Reports**, v.17, n.1, 2020, p.1-6.

CAMPOS, V. B.; BARBARINO, E.; LOURENÇO, S. O. Crescimento e composição química de dez espécies de microalgas marinhas em cultivos estanques. **Ciência Rural**, v.40, n.2, p.339-347, 2010.

COLOMBO, M. L.; BUGATTI, C.; MOSSA, A.; PESCALLI, N.; PIAZZONI, L.; PEZZONI, G.; MENTA, E.; SPINELLI, S.; JOHNSON, F.; GUPTA, R. C.; DASARADHI, L. Cytotoxicity evaluation of natural coptisine and synthesis of coptisine from berberine. **Farmaco**, v.56, p.403–409, 2001.

CORRÊA, J. M. Estimativa da taxa de eclosão de *Artemia* sp. (CRUSTACEA, BRANCHIOPODA, ANOSTRACA) objetivando a produção de biomassa através do método de incubação. In: CONGRESSO BRASILEIRO DE OCEANOGRAFIA. 2004, Itajaí. **Resumos...** Itajaí: Biblioteca Central Comunitária 2004. p.39.

CORRÊA, J. M. **Produção de** *Artemia* sp. **(CRUSTACEA, BRANCHIOPODA, ANOSTRACA) submetida a diferentes dietas**. 2004. 29 f. Monografia (Graduação em Engenharia de Pesca) - Universidade Federal Rural da Amazônia, Belém, 2004.

CORREA JÚNIOR, A. **Alimento inerte como alternativa para o cultivo de** *Artemia* sp. 27f. Trabalho de Conclusão de Curso (Tecnologia em Aquicultura) – Universidade Federal do Paraná, Pontal do Paraná, 2017.

DA COSTA, P. Nota sobre a ocorrência e biologia de *Artemia salina* na região de Cabo Frio. **Seção de Publicações do Instituto de Pesquisa da Marinha**, Rio de Janeiro, Brasil, 1972, n.66. 14p.

EVJEMO, J. O.; OLSEN, Y. Effect of food concentration on the growth and production rate of *Artemia franciscana* feeding on algae (*T. iso*). **Journal of Experimental Marine Biology and Ecology**, v.242, p. 273–296, 1999.

FREITAS, P. D. Fazenda experimental de artêmia aponta potencial das salinas brasileiras. **Univerciência**, p.34- 39, jan./abr. 2002.

GAJARDO, G.; BEARDMORE, J.A. Coadaptation: Lessons from the brine shrimp *Artemia*, "the aquatic *Drosophila*" (Crustacea; Anostraca). **Revista Chilena de Historia Natural**, v.74, n.1, 2001.

GEORGIEV, B. B.; SÁNCHEZ, M. I.; VASILEVA, G. P.; NIKOLOV, P. N.; GREEN, A. J. Cestode parasitism in invasive and native brine shrimps (*Artemia* spp.) as a possible factor promoting the rapid invasion of *A. franciscana* in the Mediterranean region. **Parasitology Research**, v.101, p.1647–1655, 2007.

GOMES, L. A. O. **Cultivo de crustáceos e moluscos**. São Paulo: Nobel, 1986. 226 p.

GUL, H. I.; GUL, M.; ERCIYAS, E. Toxicity of some bis mannich bases and corresponding piperidinols in the brine shrimp (*Artemia salina*) bioassay. **Journal of Applied Toxicology**, v.23, p.53–57, 2003.

IGARASHI, M. A. Potencial econômico das artêmias produzidas em regiões salineiras do Rio Grande do Norte. **PUBVET**, Londrina, v.2, n.31, 2008.

IGARASHI, M. A. Potencial de produção e exploração de *Artemia* nas salinas costeiras do Rio Grande do Norte. **Revista Semiárido de Visu**, v.9, n.2, p.87-102, 2021.

JOMORI, R. K.; CARNEIRO, D. J.; GERALDO-MARTINS, M. I. E.; PORTELLA, M. C. Economic evaluation of *Piaractus mesopotamicus* juvenile production in different rearing systems. **Aquaculture**, v.243, p.175-183, 2005.

JOMORI, R. K.; CARNEIRO, D. J.; MALHEIROS, E. B.; PORTELLA, M. C. Growth and survival of pacu *Piaractus mesopotamicus* (Holmberg, 1887) juveniles reared in ponds or at different initial larviculture periods indoors. **Aquaculture**, v.221, p.277-287. 2003.

KAPPAS, I.; BAXEVANIS, A. D.; MANIATZI, S.; ABATZOPOULOS, T. J. Porous genomes and species integrity in the branchiopod *Artemia*. **Molecular Phylogenetics and Evolution**, v.52, n.1, p.192-204, 2009.

KLEIN, V. L. M. Análise do valor proteico de *Artemia* sp. Adulta (CRUSTACEA, BRANCHIOPODA, ANOSTRACA), alimentada com diferentes tipos de ração. **Ciência Agronômica**, Fortaleza, v.24, n.1/2, p.48-51, 1993.

LAVENS, P.; SORGELOOS, P. The history, present status and prospects of the availability of *Artemia* cysts for aquaculture. **Aquaculture**, v.181, p.397–403, 2000.

LITVINENKO, L. I.; LITVINENKO, A. I.; BOIKO, E. G.; KUTSANOV, K. *Artemia* cyst production in Russia. **Chinese Journal of Oceanology and Limnology**, Beijing. v.33, n.6, p.1436– 1450, 2015.

LOPES, R. N. M.; FREIRE, R. A. B.; VICENSOTTO, J. R. M.; SENHORINI, J. A. Alimentação de larvas de surubim pintado, *Pseudoplatystoma corruscans* (AGASSIZ, 1829), em laboratório, na primeira semana de vida. **Boletim técnico do CEPTA**, v.9, p.11-29, 1996.

LÓPEZ, C. M. **Crescimento de larvas de cascudo preto** (*Rhinelepis aspera*) **Spix & Agassiz, 1829 (Osteichthyies: Siluriformes, Loricariidae), submetidas a diferentes níveis alimentares**. 46f. Dissertação (Mestrado em Aquicultura) – Universidade Estadual Paulista, Centro de Aquicultura, Jaboticabal, 2005.

LOVELL, R. T.; WEBSTER, C. D. Quality evaluation of four source of brine shrimp *Artemia* spp. **Journal of the World Aquaculture Society**. Sorrento. v.21, n.3, p.180-191, 1990.

MALPICA-SÁNCHEZ, A.; BARRERA, T. C; TRUJILLO, H. S.; MEJÍA, J. C.; ANDRADE, R. L.; MEJÍA, G. C. Composición del contenido de ácidos grasos en tres poblaciones mexicanas de *Artemia franciscana* de aguas epicontinentales. **Revista de Biología Tropical**, v.52, p.297-300, 2004.

MARQUES, A.; FRANÇOIS, J. M.; DHONT, J.; BOSSIER, P.; SORGELOOS, P. Influence of yeast quality on performance of gnotobiotically grown *Artemia*. **Journal of Experimental Marine Biology and Ecology**. v.310, p.247-264, 2004.

MENDES, P. F. F. **Influência do cádmio nas populações de** *Artemia* **em Portugal**. 40f. Dissertação (Mestrado em Recursos Biológicos Aquáticos) – Universidade do Porto, Centro Interdisciplinar de Investigação Marinha e Ambiental, Porto, 2014.

NAEGEL, L. C. A. Controlled production of *Artemia* biomass using an inert comercial diet, compared with the microalgae Chaetoceros. **Aquacultural Engineering**. v.21, p.49-59, 1999.

NASCIMENTO, J. E.; MELO, A. F. M.; LIMA E SILVA, T. C.; VERAS FILHO, J.; SANTOS, E. M.; ALBUQUERQUE, U. P.; AMORIM, E. L. C. Estudo fitoquímico e bioensaio toxicológico frente a larvas de *Artemia salina* Leach. de três espécies medicinais do gênero *Phyllanthus* (Phyllanthaceae). **Journal of Basic and Applied Pharmaceutical Sciences**, v.29, n.2, p.143-148, 2008.

PAPESCHI, A. G.; LIPKO, P.; AMAT, F.; COHEN, R. G. Heterochromatin variation in *Artemia* populations. **Caryologia**, v.61, p.53- 59, 2008.

PEREIRA, E. M.; LEITE FILHO, M; T.; MENDES, F. A.; MARTINS, A. N. A.; ROCHA, A. P. T. Potencial toxicológico frente *Artemia salina* em plantas condimentares comercializadas no município de Campina Grande-PB. **Revista Verde de Agroecologia e Desenvolvimento Sustentável**, v.10, n.1, p.52-56, 2015.

PÉREZ, M. L.; VALVERDE, J. R.; BATUECAS, B.; AMAT, F.; MARCO, R. Speciation in the *Artemia* genus: Mitochondrial DNA analysis of bisexual and parthenogenetic brine shrimps. **Journal of Molecular Evolution**, v.38, p.156-168, 1994.

REEVE, M. R. The filter-feeding of *Artemia*. II. In suspensions of various particles. **Journal of Experimental Biology**, v.40, p.207–214, 1963.

RUIZ, O.; MEDINA, G. R.; COHEN, R. G.; AMAT, F.; NAVARRO, J. C. Diversity of the fatty acid composition of *Artemia* spp. cysts from Argentinean populations. **Marine Ecology Progress Series**, v.335, p.155–165, 2007.

SÁEZ, A. G.; ESCALANTE, R.; SASTRE, L. High DNA Sequence Variability at the a1 Na/KATPase Locus of *Artemia franciscana* (Brine Shrimp): Polymorphism in a Gene for Salt-Resistance in Salt-Resistant Organism. **Molecular Biology and Evolution**, v.17, p.235– 250, 2000.

SANTOS, L. R. M. **Determinação da taxa de mortalidade de** *Artemia* sp. **alimentada com diferentes dietas, em condições de laboratório**. 48f. Monografia (Graduação em Engenharia de Pesca) – Universidade Federal do Ceará, Departamento de Engenharia de Pesca, Fortaleza, 1998.

SORGELOOS, P.; LAVENS, P.; LEGER, P.; TACKAERT, W.; VERSICHELE, D. **Manual para el cultivo y uso de** *Artemia* **en acuicultura**. Project reports, n.10, 1986. 312p.

TAKATA, R. **Produção de juvenis de** *Artemia franciscana* **e análise da utilização de dietas vivas e inertes na larvicultura intensiva do pintado** *Pseudoplatystoma coruscans*. 116f. Dissertação (Mestrado em Aquicultura) – Universidade Estadual Paulista, Centro de Aquicultura, Jaboticabal, 2007.

TAYLOR, R. L.; CALDWELL, G. S.; BENTLEY, M. G. Toxicity of algal-derived aldehydes to two invertebrate species: Do heavy metal pollutants have a synergistic effect? **Aquatic Toxicology**, v.74, p.20–31, 2005.

TIZOL-CORREA, R.; MAEDA-MARTÍNEZ, A. M.; WEEKERS, P. H. H.; TORRENTERA, L.; MURUGAN, G. Biodiversity of the brine shrimp

Artemia from tropical salterns in southern México and Cuba. **Current Science**, v.96, p.81- 87, 2009.

TORRES, G. **Comparação da** *Nannochloropsis* sp. **e do farelo de soja para a produção de** *Artemia* sp. Trabalho de conclusão de curso (Tecnologia em Aquicultura) - Universidade Federal do Paraná, Pontal do Paraná, 2016.

TREECE, G. D. *Artemia* Production for Marine Larval Fish Culture. **Southern Regional Aquaculture Center**, publication n.702, 2000.

VAN STAPPEN, G. Introduction, biology and ecology of *Artemia*. In: LAVENS, P.; SORGELOOS, P. (Eds). **Manual on the Production and Use of Live Food for Aquaculture**. FAO Fisheries Technical Paper, 1996. 295p.

VINATEA, J. E. *Artemia*: um ser vivo excepcional. **Panorama da aquicultura**. Rio de Janeiro, v.4,n.25, p.8-9, 1994.

ZUÑIGA, O.; WILSON, R.; AMAT, F.; HONTORIA, F. Distribution and characterization of Chilean populations of the brine shrimp *Artemia* (Crustacea, Branchiopoda, Anostraca). **International Journal of Salt Lake Research**, v,8, p.23–40, 1999.

www.ingramcontent.com/pod-product-compliance
Ingram Content Group UK Ltd.
Pitfield, Milton Keynes, MK11 3LW, UK
UKHW021836270726
14058UKWH00002B/177